Inhaltsverzeichnis

der

MITTEILUNGEN

der

Geographischen Gesellschaft in Hamburg

Bd. I—XXX

1873—1917

Sonderbeilage zu Band XXX der „Mitteilungen“

HAMBURG

L. Friederichsen & Co.

Land- und Seekartenhandlung, Geographischer und nautischer Verlag.

1917

Inhaltsverzeichnis

der

MITTEILUNGEN

der

Geographischen Gesellschaft in Hamburg

Bd. I—XXX

1873—1917

Sonderbeilage zu Band XXX der „Mitteilungen“

HAMBURG

L. Friederichsen & Co.

Land- und Seekartenhandlung, Geographischer und nautischer Verlag.

1917

Vorwort.

Das vorliegende Inhaltsverzeichnis der „Mitteilungen der Geographischen Gesellschaft in Hamburg" erscheint als das erste seit der Gründung der Geographischen Gesellschaft in Hamburg im Jahre 1873 und umfaßt die Arbeiten und Aufsätze in den ersten 30 Bänden, soweit sie im Inhaltsverzeichnis jedes Bandes aufgeführt sind. Beim Aufsuchen einer Arbeit ist zu beachten, daß die ersten 10 Bände der „Mitteilungen" nur nach Jahrgängen, die späteren hingegen nach Nummern bezeichnet sind, und daß in den ersten Bänden meistens zwei Jahrgänge zu einem Bande vereinigt sind. Der erste Band ist demnach mit 1873/75 betitelt, der zehnte mit 1891/92, der elfte dagegen ist mit Nr. XI bezeichnet, u. s. f. bis Nr. XXX. Die mit Nummern bezeichneten Bände sind in den Jahren wie folgt erschienen:

Nr.	XI	im	Jahre	1896	Nr.	XXI	im	Jahre	1906
„	XII	„	„	1896	„	XXII	„	„	1907
„	XIII	„	„	1897	„	XXIII	„	„	1908
„	XIV	„	„	1898	„	XXIV	„	„	1909
„	XV	„	„	1899	„	XXV	„	„	1911
„	XVI	„	„	1900	„	XXVI	„	„	1912
„	XVII	„	„	1901	„	XXVII	„	„	1913
„	XVIII	„	„	1902	„	XXVIII	„	„	1914
„	XIX	„	„	1903	„	XXIX	„	„	1915
„	XX	„	„	1904	„	XXX	„	„	1917.

Abschnitt I.

Sach- und Namenverzeichnis in alphabetischer Ordnung.

Hierin sind alle in den 30 Bänden behandelten Themata enthalten, und zwar in alphabetischer Ordnung nach dem Namen der Verfasser und nach den Hauptstichworten, die aus den Überschriften hervorgehen. Alle Artikel kommen also mindestens zwei Mal vor, meistens aber noch öfter. Die Nummern der Bände sind fett gedruckt bzw. mit römischen Ziffern gesetzt gemäß der obenstehenden Bemerkung. Die dahinterstehende Zahl bedeutet die Seite.

Abschnitt II.

Sach- und Namenverzeichnis in geographischer Einteilung.

In diesem Abschnitt sind ebenfalls sämtliche Aufsätze der ersten 30 Bände aufgeführt, aber nach den Erdteilen, Ländern und Meeren geordnet. Sie kommen demgemäß nur ein Mal vor. Der Name des Verfassers ist jeder Arbeit vorangesetzt. Innerhalb der einzelnen Unterabteilungen ist unabhängig vom Namen der Verfasser oder vom Jahre des Erscheinens eines Aufsatzes möglichst eine geographische Einteilung noch wieder eingehalten worden. Am Schluß dieses Abschnittes finden sich solche Veröffentlichungen, die nicht die Verhältnisse eines bestimmten Erdteils oder Landes, sondern Fragen der allgemeinen Erdkunde behandeln. Kennzeichnung der Jahrgänge, Bände und Seiten wie in Abschnitt I.

Abschnitt III.

Verzeichnis der Abbildungen, Karten, Hafen- und Stadtpläne, Skizzen usw. im Text und auf den Tafeln.

Hierin sind nach den Jahrgängen und Nummern der Bände geordnet sämtliche Abbildungen, Karten, Skizzen usw. enthalten, die im Text und auf besonderen Tafeln vorkommen.

Hamburg, 1. März 1917. G. Schott. M. Jentzsch.

Abschnitt I.

Sach- und Namenverzeichnis in alphabetischer Ordnung.

A.

Adamauas, Die Geschichte — nach mündlichen Überlieferungen. K. Strümpell. XXVI, 46.

Afrika, über Tauschhandel in —. A. Woermann. **1880/81,** 29.

— die Geldverhältnisse im heutigen — in ihrer Entwicklung. D. Kürchhoff. XXII, 1.

— Lebensformen und Lebensweise der Tierwelt im tropischen —. Leo Waibel. XXVII, 1.

Afrikas, der geographische Standpunkt — Ende 1879. L. Friederichsen. **1878/79,** 178.

— das Gebiet der Elefanten und der Elefantenreichtum Indiens und —. W. Westendarp. **1878/79,** 201.

Ala-tau, Forschungsreise in den Zentralen Tiën-schan und Dsungarischen —, im Sommer 1902 mit 52 Tafeln und 2 Karten. M. Friederichsen. XX.

Albert- und Albert-Edward-Sees, Begleitworte zu der Karte „Dr. F. Stuhlmann's Aufnahmen im Gebiet des — (Afrika). M. Moisel. XVII, 55.

Albrecht, Dr. Max: Durch den Daghestan auf der Awaro-Kachetinischen Straße im Mai-Juni 1904. XXI, 177.

Alpen, die Eiszeit in den —. E. Brückner. **1887/88,** 10.

Alta Verapaz, die — (Guatemala). K. Sapper. XVII, 78.

Amerikanischen, El Dorado. Aus der Geschichte der ersten — Entdeckungs-Reisen. H. Schumacher. **1889/90,** 11.

Amerika, Geschichte der neuesten Wirren in Mittel-—. H. Polakowsky. **1889/90,** 184.

Antarktische, die Reisen des „Jason" und der „Hertha" in das — Meer 1893—94. J. Petersen. **1891/92,** 245.

Anthropogeographische Studien aus Spanien. O. Quelle. XXX, 69.

Ararat, Russisch Armenien und der —. M. Friederichsen. XVI, 1.

Arendt, Prof. Dr. C.: Peking und die westlichen Berge. **1889/90,** 57.

Argentinien, Beiträge zur Kenntnis des Quebracho-Gebiets in — und Paraguay. R. Lütgens. XXV, 1.

Argostoli, die Meermühlen von —. (Insel Kephalonia). F. Wibel. **1873—74,** 42.

Arizona, die Wälder und Wüsten von —. E. Fernow. XIV.

Armenien, Russisch — und der Ararat. M. Friederichsen. XVI, 1.

Armenischen, Reisebriefe von der — Expedition. W. Belck u. C. Lehmann. XV u. XVI.

Ascherson, Dr. Paul: Einige Bemerkungen, zu Dr. Pfund's Reisebriefen. **1878/79,** 124.
— Reise nach der kleinen Oase in der Libyschen Wüste im Frühjahr 1876. **1876/77,** 57.
Asien, Central-— und die Macht in Indien. H. Sieveking. **1885/86,** 149.
— Reisebriefe aus Russisch Central-—. M. Friederichsen. XVIII, 200.
Ausgrabungen, über Schliemann's trojanische —. H. Schrader. **1876/77,** 71.
Ausland, die Italiener im —. N. Christoforo. **1873/74,** 62.
Ausstellung, die Geographische — auf dem Internationalen Geographen-Kongreß in London, 1895. H. Michow. XI, 29.
Australnegern, unter den — am Herbert River in Nord-Queensland. C. Lumholtz. **1887/88,** 284.
Australiens, die Tierwelt Südwest-— und ihre geographischen Beziehungen. W. Michaelsen. XXII, 35.
Auswanderung, unsere überseeische — und die Deutschen im Auslande. Bötzow. **1885—86,** 199.

B.

Baasch, Dr. C.: Die Anfänge des modernen Verkehrs Hamburgs mit Vorderindien und Ostasien. XIII, 92.
Barmm, Rektor R.: Krieg und Erdkunde. XXX, 245.
Beeck, Müller-—, F. G.: Der Seeverkehr der Chinesen im malayischen Archipel vor 1500. **1882/83,** 26.
— Kiyoto. **1880/81,** 128.
Behrmann, Dr. Walter: über die niederdeutschen Seebücher des 15. und 16. Jahrhunderts. XXI, 63.
Belck, Dr. W., und Lehmann, Dr. C. F.: Reisebriefe von der armenischen Expedition. XV und XVI.
Bemerkungen, — zur vorläufigen Karte des Konzessionsgebietes der South West Africa Co. Lim. Hartmann. XIII, 141.
Berberien, Zustände in —. G. Rohlfs. **1874/75,** 164.
Bericht, — über eine Reise durch Usegua und Unguu. F. Stuhlmann. **1887/88,** 143.
Bewegungsrichtungen, Beiträge zur Kenntnis der — des diluvialen Inlandeises. J. Petersen. XV und XVI.
Bewohner, Ceylon und seine —. W. Geiger. XIII, 70.
— die — der Mortlock-Inseln. (Karolinen). J. Kubary. **1878/79,** 224.
— das Wapokomo-Land und seine —. G. Fischer. **1878/79,** 1.
Binzer, von: die Überschwemmungen an der Unterelbe im Frühjahr 1888. **1887/88,** 85.
Bismarck-Archipel, der — und das Kaiser Wilhelmsland. J. Weisser. **1885/86,** 269.
Brandt, Dr. B.: die tallosen Berge an der Bucht von Rio de Janeiro. XXX, 1.
Brasilien, die deutsche Kolonie Donna Francisca in — in historisch-statistischer Beziehung. C. Holtermann. **1876/77,** 1.
Brückner, Dr. E.: Die Eis eit in den Alpen. 1887/88, 10.
— Grundwa ser und Typhus. 1887/88, 176.

Bötzow, Dr.: unsere überseeische Auswanderung und die Deutschen im Auslande. **1885/86,** 199.
Boliviens, die Flüsse — und deren Nutzbarkeit für den inneren Verkehr. H. von Holten. **1876/77,** 39.
Buchheister, M., Wasserbaudirektor: Die Elbe und der Hafen von Hamburg XV, 131.
Buchner, Max: Eine Reise durch den Stillen Ozean. **1876/77,** 95.
Buddhismus, Vortrag über den —. H. Haring. **1873/74,** 24.

C.

Californien, Neu-—, Dscholtuga oder —. A. Cordes. **1884,** 288.
Census, — von Venezuela. W. Sievers. **1885/86,** 316.
Ceylon, — und seine Bewohner. W. Geiger, XIII, 70.
Chinas, der zukünftige Handel —. A. Markow. XI, 80.
Chinakultur, die Einführung der — in Britisch-Indien und deren Ergebnisse. C. Crüger. **1880/81,** 44.
Chinesen, der Seeverkehr der — im malayischen Archipel vor 1500. F. Müller-Beeck. **1882/83,** 26.
Chios, die Jnsel — in geographischer, geologischer, ethnologischer und kommerzieller Hinsicht. W. Pauli. **1880/81,** 99.
Christoforo Negri, Professor: Die Italiener im Ausland. **1873/74,** 62.
Classen, Dr. J.: Mitteilungen von einem Besuch in Olympia. **1880/81,** 1.
Coca-Kultur, die — in Peru. C. Crüger. **1880/81,** 72.
Cohen, Dr. C.: Erläuternde Bemerkungen zu der Routenkarte einer Reise von Lydenburg nach den Goldfeldern und von Lydenburg nach der Delagoa-Bai. **1874,** 173.
Columbia, der — und sein Stromgebiet. E. Hesse-Wartegg. **1889/90,** 166.
— die barometrischen Höhenmessungen des Herrn Dr. Sievers in — und Venezuela. M. Frohberg. **1885/86,** 236.
Congo, siehe Kongo.
Cordes, Albert: Dscholtuga oder Neu-Californien. **1884,** 288.
Cordilleren, Bemerkungen zur Original-Routenkarte der Venezolanischen —. W. Sievers. **1885/86,** 309.
Corsica. H. Toeppen. **1882/83,** 1.
Costa-Rica, zur Kartographie der Republik — in Central-Amerika. L. Friederichsen. **1876/77,** 43.
Crüger, Dr. C.: Die Cocakultur in Peru. **1880/81,** 72.
— Die Einführung der Chinakultur in Britisch-Indien und deren Ergebnisse. **1880/81,** 44.

D.

Daghestan, durch den — auf der Awaro-Kachetınischen Straße im Mai-Juni 1904. M. Albrecht. XXI, 177.
Darfur, Reisebriefe aus Kordufan und —, redigiert von L. Friederichsen. J. Pfund. **1876/77,** 121.

Delagoa Bai, Erläuternde Bemerkungen zu der Routenkarte einer Reise von Lydenburg nach den Goldfeldern und von Lydenburg anch der —. E. Cohen. **1874/75** 173.
Deutschen, unsere überseeische Auswanderung und die — im Auslande. Bötzow. **1885/86,** 199.
Diamantfelder, die — Süd-Afrikas. E. Lippert. **1876/77,** 327.
Diluvium, die Endmoränen und das marine — Schleswig-Holsteins. C. Gottsche. XIII und XIV.
Dirck-Gherritz-Archipels, Begleitworte zur Karte des —. L. Friederichsen **1891/92,** 299.
— die Erforschung des —. J. Petersen. XI, 62.
Dorado, El —, aus der Geschichte der ersten amerikanischen Entdeckungsreisen. H. Schumacher. **1889/90,** 11.
Dove, Dr. K.: Wissenschaftliche Aufgaben in Südwestafrika. XIII, 58.
Dscholtuga, — oder Neu-Californien. A. Cordes. **1884,** 288.
Dsungarischen, Forschungsreise in den Zentralen Tiën-schan und — Alatau, im Sommer 1902 mit 52 Tafeln und 2 Karten. M. Friederichsen. XX.
Dünen, das Seebad Lakolk und seine —. E. Moritz. XXIII, 353.
Duke-of-York-Inselgruppe, Bemerkungen zu der Karte der — auf Tafel 6. L. Friederichsen. **1876/77,** 340.

E.

Eggert, C.: Die Oroya-Eisenbahn in Perú. **1878/79,** 214.
— Arthur Werthemann's Reisen im Innern Perús. **1878/79,** 218.
Eisenbahnen, — in der Türkei. W. Heintze. XI, 41.
Eiszeit, die — in den Alpen. E. Brückner. **1887/88,** 10.
Elbe, die — und der Hafen von Hamburg, mit einem Plan. M. Buchheister. XV, 131.
El Dorado, —, aus der Geschichte der ersten amerikanischen Entdeckungsreisen. H. Schumacher. **1889/90,** 11.
Elefanten, das Gebiet der — und der Elefanten-Reichtum Indiens und Afrikas. W. Westendarp. **1878/79,** 201.
Empfang, — der österreichisch-ungarischen Nordpol-Expedition in Hamburg am 22. September 1874. L. Friederichsen. **1874/75,** 53.
Endmoränen, die — und das marine Diluvium Schleswig-Holsteins. C. Gottsche. XIII und XIV.
Erdbeben, das — in Venezuela am 28. April 1894. W. Sievers. **1891/92,** 237.
— das — vom 26. März 1812 an der Nordküste Südamerikas. W. Sievers. **1884,** 265.
Erdkunde, Krieg und —. R. Barmm. XXX, **245.**
Erforschung, die — des Dirk-Gherritz-Archipels. J. Petersen. XI, 62.
Exkursion, eine — nach Island im Sommer 1879. W. Robertson. **1878/79,** 157.
Expedition, Reisebriefe von der Armenischen —. W. Belck und C. Lehmann. XV, 1 u. 189; XVI, 16.
Expeditionen, Überblick über die Ergebnisse der Nordpol-— unseres Jahrhunderts. H. Sieglerschmidt. **1880/81,** 140.
Exports, die Entwicklung des — in Togo und Kamerun. E. Kremer. XXV, 99.

F.

Fernow, B. E.: Die Wälder und Wüsten von Arizona. XIV.
Fischer, Dr. G. A.: Über die jetzigen Verhältnisse im südlichen Galla-Land und Witu. **1876/77**, 347.
— Bericht über eine Reise in das Massai-Land. **1882/83**, 36, 189.
— Das Wapokomo-Land und seine Bewohner. **1878/79**, 1.
Fischer, Prof. Dr. Th.: Meine dritte Forschungsreise im Atlas-Vorlande von Marokko im Jahre 1901. XVIII, 1.
Flegel, E. Robert: Städtebilder aus Westafrika. **1878/79**, 300.
— Westafrikanische Scenerien. **1880/81**, 392.
Flüsse, Die — Boliviens und deren Nutzbarkeit für den inneren Verkehr. H. von Holten. **1876/77**, 39.
Flutapparat, Ein für das Kgl. Preuß. geodätische Institut der europäischen Gradmessung ausgeführter —. F. Reitz. **1876/77**, 87.
Forschung, Über die Fortschritte der geographischen — während der Jahre 1883/88. L. Friederichsen. **1887/88**, 41.
Forschungsreise, Meine dritte — im Atlas-Vorlande von Marokko im Jahre 1901. Th. Fischer. XVIII, 1.
Francisca, Die deutsche Kolonie Donna — in Brasilien in historisch-statistischer Beziehung. C. Holtermann. **1876/77**, 1.
Frauen, Die japanischen —. C. Gottsche. **1889/90**, 97.
Friederichsen, L.: Empfang der österreichisch-ungarischen Nordpol-Expedition in Hamburg, am 22. September 1874. **1874/75**, 53.
— Begleitworte zur Karte des Dirck-Gherritz-Archipels. **1891/92**, 299.
— Reisebriefe aus Kordufan und Darfur von J. Pfund, redigiert von —. **1876/77**, 121.
— Bemerkungen zu der Karte der Duke-of-York Inselgruppe auf Tafel 6. **1876/77**, 340.
— Vortrag über die Ruinen von Nanmatal auf der Insel Ponape (Karolinen). **1874/75**, 83.
— Rückblick auf die Gründung und Entwicklung der Geographischen Gesellschaft in Hamburg während der ersten 25 Jahre ihres Bestehens. XIV.
— Zur Kartographie der Republik Costa-Rica in Central-Amerika. **1876/77**, 43.
— Über die Fortschritte der geographischen Forschung während der Jahre 1883—88. **1887/88**, 41.
— Der geographische Standpunkt Afrikas Ende 1879. **1878/79**, 178.
Friederichsen, Dr. Max: Russisch-Armenien und der Ararat. XVI, 1.
— Reisebriefe aus Russisch-Armenien und Central-Asien. XVIII, 200.
— Forschungsreise in den Zentralen Tiën-schan und Dsungarischen Ala-tau, im Sommer 1902, mit 52 Tafeln und 2 Karten. XX.
— Der südliche und mittlere Ural. XIV.
— Die Karolinen. XVII, 1.
Frobenius, Leo: Kolonialwirtschaftliches aus dem Kongo-Kassai-Gebiet. XXII, 173.
Frohberg, M.: Die barometrischen Höhenmessungen des Herrn Dr. Sievers in Columbia und Venezuela. **1885/86**, 236.

G.

Galla-Lande, Über die jetzigen Verhältnisse im südlichen — und Witu. G. Fischer. **1876/77**, 347.
Geiger, Prof. Dr. W.: Ceylon und seine Bewohner. XIII, 70.
Geldverhältnisse, Die — im heutigen Afrika in ihrer Entwicklung. D. Kürchhoff. XXII, 1.
Geographen—, Die geographische Ausstellung auf dem Internationalen —-Kongreß in London 1895, H. Michow. XI, 29.
Geographischen, Rückblick auf die Gründung und Entwicklung der — Gesellschaft in Hamburg — während der ersten 25 Jahre ihres Bestehens. L. Friederichsen. XIV.
— Über die Fortschritte der — Forschung während der Jahre 1883—88. L. Friederichsen. **1887/88**, 41.
Geographische, Der — Standtpunkt Afrikas Ende 1879. L. Friederichsen. **1878/79**, 178.
Geschichte, Die — Adamauas nach mündlichen Überlieferungen. K. Strümpell. XXVI, 46.
Glacialablagerungen, Die tiefsten — der Gegend von Hamburg. C. Gottsche. XIII, 131.
Goldfeldern, Erläuternde Bemerkungen zu der Routenkarte einer Reise von Lydenburg nach den —, und von Lydenburg nach der Delagoa-Bai. E. Cohen. **1874/75**, 173.
Golfs, Die Nordküste des — von Neapel im Altertum. K. Schultess. **1885/86**, 173.
Golfstrom, Der — und der Weg in das Polarmeer. H. Sieglerschmidt. **1878/79**, 133.
Gottsche, Dr. C.: Die tiefsten Glacialablagerungen der Gegend von Hamburg. XIII, 131.
— Die japanischen Frauen. **1889/90**, 97.
— Die Endmoränen und das marine Diluvium Schleswig-Holsteins. XIII und XIV.
Graeffe, Dr. E.: Über die Sprache, Sitten und Gebräuche der Samoaner. **1887/88**, 64.
Grundwasser und Typhus. E. Brückner. **1887/88**, 176.
Gürich, Dr. G.: Deutsch-Südwestafrika, Reisebilder und Skizzen. **1891/92**, 1.
Guatemala, Die Ergebnisse der Temperatur-Beobachtungen in Salvador und Süd-—. E. Lottermann. XXIV, 31.
Guatemala, Die Alta Verapaz. K. Sapper. (—). XVII, 78.

H.

Hafen, Die Elbe und der — von Hamburg, mit einem Plan. M. Buchheister. XV, 131.
Hamburg, Die tiefsten Glacialablagerungen der Gegend von —. C. Gottsche. XIII, 131.
Handel, Der zukünftige — Chinas. A. Markow. XI, 80.
— und Handelsverbindungen Ostafrikas. K. Toeppen. **1885—86**, 222.
— im Sudan. G. Nachtigal. **1876/77**, 305.

Haring, Dr. G. H.: Vortrag über den Buddhismus. **1873/74,** 24.
Hartmann, Dr. ph.: Bemerkungen zur vorläufigen Karte des Konzessions-Gebietes der South West Africa Co. Lim. XIII, 141.
Helgoland, Mitteilungen über —. E. Lindemann. **1887/88,** 76.
Heine, W.: Vortrag über Japan. **1873/74,** 50.
Heintze, W.: Eisenbahnen in der Türkei. XI, 41.
Hernsheim, Franz: Nauru, eine gehobene Koralleninsel der Marshall-Gruppe. XIX, 211.
— Die Marshall-Inseln. **1885/86,** 297.
Hertha, Die Reisen des „Jason" und der „—" in das Antarktische Meer 1893—94. J. Petersen. **1891/92,** 245. Im Jahre 1895 erschienen.
Hertz, John E.: Die Kolanuß. **1880/81,** 115.
— Über Verwendung und Verbreitung der Kauri-Muschel. **1880/81,** 14.
Hesse-Wartegg, Ernst von: Der Columbia und sein Stromgebiet. **1889/90,** 166.
Hiebel, Dr. A.: Seezeichen, Leuchtfeuer und Schallsignale des Atlantischen Ozeans in ihrem Zusammenhang und ihrer Bedeutung für Wirtschaft und Kultur, mit einer Karte. XXIII, 1.
Höhenmessungen, Die barometrischen — des Herrn Dr. Sievers in Colombia und Venezuela. M. Frohberg. **1885/86,** 236.
Holten, Herm. von: Die Flüsse Boliviens und deren Nutzbarkeit für den inneren Verkehr. **1876/77,** 39.
Holtermann, C. A.: Die deutsche Kolonie Donna Francisca in Brasilien in historisch-statistischer Beziehung. **1876/77,** 1.
Hübbe-Schleiden, Dr.: Indien und die Indier. XIV, 1.
— Kulturfähigkeit der Neger. **1878/79,** 72.

I.

Igatimi, Der Unterlauf des — und der Gran Salto Guayrá des Alto Parana. L. Jerrmann. XIV.
Indien, — und die Indier. Hübbe-Schleiden. XIV, 1.
— Central-Asien und die Macht in —. H. Sieveking. **1885/86,** 149.
Indiens, Das Gebiet der Elefanten und der Elefanten-Reichtum — und Afrikas. W. Westendarp. **1878/79,** 201.
Indien-, Die Einführung der Chinakultur in Britisch-— und deren Ergebnisse. C. Crüger. **1880/81,** 44.
— Reiseberichte aus Vorder-—. A. Kraus. XXIII, 347, und XXIV, 1.
— Die Anfänge des modernen Verkehrs Hamburgs mit Vorder-— und Ostasien. E. Baasch. XIII, 92.
Inlandeises, Beiträge zur Kenntnis der Bewegungsrichtungen des diluvialen —. J. Petersen. XV, 67, und XVI, 139.
— Zur Frage der Stromrichtung des —. J. Martin. XVII, 28.
Insel, Vortrag über die Ruinen von Nanmatal auf der — Ponape (Karolinen). L. Friederichsen. **1874/75,** 83.
Inseln, Die Bewohner der Mortlock-— (Karolinen). J. Kubary. **1878/79,** 224.
— Beitrag zur Kenntnis der Nukuoro- oder Monteverde-— (Karolinen). J. Kubary. XVI, 71.
— Die Liukiu-—. O. Warburg. **1889/90,** 121.
— Die Marshall-—. F. Hernsheim. **1885/86,** 297.
— Auf den Normännischen —. G. Wendt. **1889/90,** 31.

— Ein Beitrag zur Kenntnis der Ruk-—. J. Kubary und R. Krause. **1887/88,** 53.

Inselgruppe, Bemerkungen zu der Karte der Duke-of-York — auf Tafel 6. L. Friederichsen. **1876/77,** 340.

Ipané, Reise durch das Flußgebiet des Rio — mit einer Karte. L. Jerrmann. XV, 24.

Island, Eine Exkursion nach — im Sommer 1879. W. Robertson. **1878/79,** 157.

Italiener, Die — im Auslande. N. Christoforo. **1873/74,** 62.

J.

Japan, Vortrag über —. W. Heine. **1873/74,** 50.

Japanischen, Die — Frauen. C. Gottsche. **1889/90,** 97.

Jason, Die Reisen des „—“ und der „Hertha“ in das Antarktische Meer. 1893—94. J. Petersen. **1891/92,** 245. Im Jahre 1895 erschienen.

Jerrmann, Capt. L.: Reise durch das Flußgebiet des Rio Ipane, mit einer Karte. XV, 24.

— Der Unterlauf des Igatimi und der Gran Salto Guayrá des Alto Paraná. XIV.

Jura, Zur Morphologie des Berner —. P. Schlee. XXVII, 77.

K.

Kaiser-Wilhelmsland, Der Bismarck-Archipel und das —. J. Weisser. **1885/86,** 269.

Kamerun, Der untere Kongo von Banana bis Vivi und die Bedeutung des Kongo für die Erforschung der Hinterländer von —. E. Zintgraff. **1885/86,** 258.

— Die Entwicklung des Exports in Togo und —. E. Kremer. XXV, 99.

Karolinen, Die Bewohner der Mortlock-Inseln (—). J. Kubary. **1878/79,** 224.

— Beitrag zur Kenntnis der Nukuoro- oder Monteverde-Inseln (—). J. Kubary. XVI, 71.

— Die —. M. Friederichsen. XVII, 1.

Karte, Bemerkungen zu der — der Duke-of-York Inselgruppe auf Tafel 6. L. Friederichsen. **1876/77,** 340.

— Begleitworte zu der — „Dr. Stuhlmann's Aufnahmen im Gebiet des Albert- und Albert-Edward-Sees“. M. Moisel. XVII, 55.

Karten, Die ältesten — von Rußland, mit 3 Karten und einer Kartenskizze. H. Michow. **1882/83,** 100.

Karte, Original-— Sibiriens aus dem 17. Jahrhundert. H. Michow. XXIII, 289.

— Bemerkungen zur Original-Routen-— der venezolanischen Cordilleren. W. Sievers. **1885/86,** 309.

Kartographie, Zur — der Republik Costarica in Central-Amerika. L. Friederichsen. **1876/77,** 43.

— Weitere Beiträge zur älteren — Rußlands. Mit 5 Karten. H. Michow. XXII, 69.

— Das erste Jahrhundert russischer — 1525—1631 und die Originalkarte des Anton Wied von 1542. H. Michow. XXI, 1.

Kauriemuschel, Über Verwendung und Verbreitung der —. J. Hertz. **1880/81,** 14.

Kephalonia, Die Meermühlen von Argostoli. (Insel —.) F. Wibel. **1873/74,** 42.
Kilimatinde, Von — durch die Landschaft Turu nach Mkalama im Februar bis März 1911. (Ostafrika.) E. Obst. XXV, 73.
Kiyoto, —. F. Müller-Beeck. **1880/81,** 128.
Köppen, Dr. W.: Die Zugstraßen der barometrischen Minima in Europa und auf dem nordatlantischen Ozean und ihr Einfluß auf Wind und Wetter bei uns. **1880/81,** 76.
Kolanuß, Die —. J. Hertz. **1880/81,** 115.
Kolonie, Die deutsche — Donna Francisca in Brasilien in historisch-statistischer Beziehung. C. Holtermann. **1876/77,** 1.
Kolonialinstitut, Die Hamburgische Wissenschaftliche Stiftung und das Hamburgische —. XXIII, 309.
Kolonialwirtschaftliches, — aus dem Kongo-Kassai-Gebiet. L. Frobenius. XXII, 173.
Kongo, Der untere — von Banana bis Vivi und die Bedeutung des Kongo für die Erforschung der Hinterländer von Kamerun. E. Zintgraff. **1885/86,** 258.
Konzessionsgebietes, Bemerkungen zur vorläufigen Karte des — der South West Africa Co. Lim. Hartmann. XIII, 141.
Koralleninsel, Nauru, eine gehobene — der Marshall-Gruppe. F. Hernsheim. XIX, 211.
Kordufan, Reisebriefe aus — und Darfur. J. Pfund. **1876/77,** 121.
Korea, — einst und jetzt. C. Wolter. XVII, 63.
Kraus, Prof. Dr. A.: Reisebericht aus Vorder-Indien. XXIII, 347, u. XXIV, 1.
Krause, R., J. Kubary und —: Ein Beitrag zur Kenntnis der Ruk-Inseln. **1887/88,** 53.
Kreide, Die Oberflächengestaltung der schlesisch-böhmischen —-Ablagerungen. E. Obst. XXIV, 85.
Kremer, Dr. E.: Die Entwicklung des Exports in Togo und Kamerun. XXV, 99.
Krieg und Erdkunde. R. Barmm. XXX, 245.
Kubary, J.: Beitrag zur Kenntnis der Nukuoro- oder Monteverde-Inseln (Karolinen). XVI, 71.
— Die Bewohner der Mortlock-Inseln. (Karolinen.) **1878/79,** 224.
Kubary, J. und Krause, R.: Ein Beitrag zur Kenntnis der Ruk-Inseln. **1887/88,** 53.
Kürchhoff, D.: Die Geldverhältnisse im heutigen Afrika in ihrer Entwicklung. XXII, 1.
Kultur, —-Bestrebungen in Westafrika. A. Woermann. **1878/79,** 58.
— Seezeichen, Leuchtfeuer und Schallsignale des Atlant. Ozeans in ihrem Zusammenhang und ihrer Bedeutung für Wirtschaft und —, mit einer Karte. A. Hiebel. XXIII, 1.
Kulturfähigkeit der Neger. F. Hübbe-Schleiden. **1878/79,** 72.

L.

Landschaftsgeographie, Physiogeographie und Vergleichende —. S. Passarge. XXVII, 119.
Lakolk, Das Seebad — und seine Dünen. E. Moritz. XXIII, 353.

Lebensweise, Lebensformen und — der Tierwelt im tropischen Afrika, L. Waibel. XXVII, 1.
Lehmann, Dr. C. F.: Belck, Dr. W. und —: Reisebriefe von der armenischen Expedition. XV und XVI, 16.
Leuchtfeuer, Seezeichen, — und Schallsignale des Atlant. Ozeans in ihrem Zusammenhang und ihrer Bedeutung für Wirtschaft und Kultur. A. Hiebel. XXIII, 1.
Libyschen, Reise nach der kleinen Oase in der — Wüste im Frühjahr 1876. P. Asherson. **1876/77,** 57.
Lindemann, Dr. E.: Mitteilungen über Helgoland. **1887/88,** 76.
Lippert, E.: Die Diamantfelder Süd-Afrikas. **1876/77,** 327.
Liukiu, Die —-Inseln. O. Warburg. **1889/90,** 121.
Lottermoser, E.: Die Ergebnisse der Temperatur-Beobachtungen in Salvador und Süd-Guatemala. XXIV, 31.
Lütgens, Dr. R.: Beiträge zur Kenntnis des Quebracho-Gebietes in Argentinien und Paraguay. XXV, 1.
Lumholtz, Carl: Unter den Austral-Negern am Herbert River in Nord-Queensland. **1887/88,** 284.
Lydenburg, Erläuternde Bemerkungen zu der Routenkarte einer Reise von — nach den Goldfeldern und von — nach der Delagoa-Bai. E. Cohen. **1874/75,** 173.

M.

Malayischen, Der Seeverkehr der Chinesen im — Archipel vor 1500. F. Müller-Beeck. **1882/83,** 26.
Mangues, Die — von Santos. G. Repsold. **1876/77,** 29.
Marco Polo, Zur Erinnerung an —. E. Schäfer. XV, 45.
Markow, Dr. A.: Der zukünftige Handel Chinas. XI, 80.
Marokko, Meine dritte Forschungsreise im Atlas-Vorlande von — im Jahre 1901. Th. Fischer. XVIII, 1.
Marshall, Die —-Inseln. F. Hernsheim. **1885/86,** 297.
— Nauru, eine gehobene Koralleninsel der —-Gruppe. F. Hernsheim. XIX, 211.
Martin, Dr. J.: Zur Frage der Stromrichtung des Inlandeises. XVII, 28.
Massai, Bericht über eine Reise in das —-Land. G. Fischer. **1882/83.**
Meeres, Die zerstörende Arbeit des — an Steilküsten. G. von Zahn. XXIV, 192.
Meermühlen, Die — von Argostoli. (Insel Kephalonia.) F. Wibel **1873/74,** 42.
Mesopotamien, Die Verkehrsverhältnisse in —. B. Moritz. **1889/90,** 146.
Michaelsen, Prof. Dr. W.: Die Tierwelt Südwest-Australiens und ihre geographischen Beziehungen. XXII, 35.
Michow, Dr. H.: Die geographische Ausstellung auf dem Internationalen Geographen-Kongreß in London 1895, XI, 29.
— Casper Vopell und seine Rheinkarte vom Jahre 1558. XIX, 217.
— Das erste Jahrhundert russischer Kartographie 1525—1631 und die Originalkarte des Anton Wied von 1542. XXI, 1.
— Originalkarte Sibiriens aus dem 17. Jahrhundert: Ein Werk Ssemen Remesow's nach dem Russischen des Prof. A. Wassiljewitsch Grigoriew.

Michow, Dr. H.: weitere Beiträge zur älteren Kartographie Rußlands, mit 5 Karten. XXII, 69.
— Die ältesten Karten von Rußland, mit 3 Karten und einer Kartenskizze nebst Beilage. **1882/83**, 100.
Minima, Die Zugstraßen der barometrischen — in Europa und auf dem nordatlantischen Ozean und ihr Einfluß auf Wind und Wetter bei uns. W. Köppen. **1880/81**, 76.
Mitteilungen, — über Helgoland. E. Lindemann. **1887/88**, 76.
— von einem Besuch in Olympia. J. Classen. **1880/81**, 1.
Moisel, Max: Begleitworte zu der Karte „Dr. Stuhlmann's Aufnahmen im Gebiet des Albert- und des Albert-Edward-Sees". XVII, 55.
Monteverde, Beitrag zur Kenntnis der Nukuoro- oder —-Inseln. (Karolinen.) J. Kubary. XVI, 71.
Moritz, Dr. E.: Das Seebad Lakolk und seine Dünen. XXIII, 353.
— Die Nordseeinsel Röm. XIX, 2.
Moritz, Dr. B.: Die Verkehrsverhältnisse in Mesopotamien. **1889/90**, 146.
Morphologie, — des Meßtischblattes Stadtremda. S. Passarge. XXVIII.
— Physiologische —. S. Passarge. XXVI, 133.
— Zur — des Berner Jura. P. Schlee. XXVII, 77.
Mortlock, Die Bewohner der —-Inseln. (Karolinen.) J. Kubary. **1878/79**, 22.
Müller-Beeck, F. G.: Kiyoto. **1880/81**, 128.
— Der Seeverkehr der Chinesen im malayischen Archipel vor 1500. **1882/83**, 26.

N.

Nachtigal, G.: Handel im Sudan. **1876/77**, 305.
Nanmatal, Vortrag über die Ruinen von — auf der Insel Ponape. (Karolinen.) L. Friederichsen. **1874/75**, 83.
Nauru, — eine gehobene Koralleninsel der Marshall-Gruppe. F. Hernsheim. XIX, 211.
Neapel, Die Nordküste des Golfs von — im Altertum. K. Schultess. **1885/86**, 173.
Neger, Kulturfähigkeit der —. F. Hübbe-Schleiden. **1878/79**, 72.
Niederdeutschen, Über die — Seebücher des 15. und 16. Jahrhunderts. W. Behrmann. XXI, 63.
Nordpol-, Empfang der österreichisch-ungarischen —-Expedition in Hamburg, am 22. September 1874. L. Friederichsen. **1874/75**, 53.
— Überblick über die Ergebnisse der —-Expeditionen unseres Jahrhunderts. H. Sieglerschmidt. **1880/81**, 140.
Nordseeinsel, Die — Röm. E. Moritz. XIX, 2.
Normännischen, Auf den — Inseln. G. Wendt. **1889/90**, 31.
Nukuoro, Beitrag zur Kenntnis der —- oder Monteverde-Inseln. (Karolinen.) J. Kubary. XVI, 71.
Nullmeridianfrage, Zur Orientierung über die —. W. Precht. **1887/88**, 291.
Nutzbarkeit, Die Flüsse Boliviens und deren — für den inneren Verkehr. H. von Holten. **1876/77**, 39.

O.

Oase, Reise nach der kleinen — in der Libyschen Wüste im Frühjahr 1876. P. Asherson. **1876/77,** 57.

Obst, Dr. E.: Die Landschaften Issansu und Iramba. (Ostafrika.) XXVI, 108.

— Das abflußlose Rumpfschollenland im nordöstlichen Deutsch-Ostafrika. XXIX.

— Von Mkalama ins Land der Wakindiga. (Ostafrika.) XXVI, 1.

— Der östliche Abschnitt der großen Ostafrikanischen Störungszone. XXVII, 153.

— Von Kilimatinde durch die Landschaft Turu nach Mkalama im Februar bis März 1911. (Ostafrika.) XXV, 73.

— Die Oberflächengestaltung der schlesisch-böhmischen Kreide-Ablagerungen. XXIV, 85.

Österreichisch, Empfang der —-ungarischen Nordpol-Expedition in Hamburg am 22. September 1874. L. Friederichsen. **1874/75,** 53.

Olympia, Mitteilungen von einem Besuch in —. J. Classen. **1880/81,** 1.

Oroya, Die —-Eisenbahn in Perú. C. Eggert. **1878/79,** 214.

Ostafrikanischen, Der östliche Abschnitt der Großen — Störungszone. E. Obst. XXVII, 153.

Ostafrikas, Handel und Handelsverbindungen —, K. Toeppen. **1885/86,** 222.

Ostafrika, Das abflußlose Rumpfschollenland im nordöstlichen Deutsch-—. E. Obst. XXIX.

Ostasien, Die Anfänge des modernen Verkehrs Hamburgs mit Vorderindien und —. E. Baasch. XIII, 92.

Ozean, Eine Reise durch den Stillen —. M. Buchner. **1876/77,** 95.

Ozeans, Vortrag über die Wege des —. A. Schück. **1874/75.** 110.

P.

Paraguay, Hundert Tage in —. H. Toeppen. **1884,** 1.

— Beiträge zur Kenntnis des Quebrachogebiets in Argentinien und —. R. Lütgens. XXV, 1.

Paraná, Der Unterlauf des Igatimi und der Gran Salto Guayrá des Alto —. L. Jerrmann. XIV.

Parkinson, R.: Beiträge zur Kenntnis des deutschen Schutzgebietes in der Südsee. **1887/88,** 201.

Passarge, Prof. Dr. S.: Morphologie des Meßtischblattes Stadtremda. XXVIII.

— Physiologische Morphologie. XXVI, 133.

— Physiogeographie und Vergleichende Landschaftsgeographie. XXVII, 119.

Pauli, Dr. F. W.: Die Insel Chios in geograph., geologisch., ethnologischer und kommerzieller Hinsicht. **1880/81,** 99.

Peking, — und die westlichen Berge. C. Arendt. **1889/90,** 57.

Persien, Reisebriefe aus dem Persischen Golf und —, mit 20 Tafeln. A. Stürken. XXII, 69.

Perú, Die Cocakultur in —. C. Crüger. **1880/81,** 72

— Die Oroya-Eisenbahn in —. C. Eggert. **1878/79,** 214.

Perús, Arthur Werthemann's Reisen im Inneren —. C. Eggert. **1878/79,** 218.

Petersen, Dr. J.: Die Erforschung des Dirck-Gherritz-Archipels. XI, 62.
— Beiträge zur Kenntnis der Bewegungsrichtungen des diluvialen Inlandeises. XV, 67, und XVI, 139.
— Die Reisen des „Jason“ und der „Hertha“ in das Antarktische Meer 1893/94 und die wissenschaftlichen Ergebnisse dieser Reisen. **1891/92**, 245. Im Jahre 1895 erschienen.
Pfund, J.: Reisebriefe aus Kordufan und Darfur. **1876/77**, 121.
Pfund's Dr., Einige Bemerkungen zu — Reisebriefen. P. Asherson, **1878/79**, 124.
Polakowsky, Dr. H.: Geschichte der neuesten Wirren in Mittel-Amerika. **1889/90**, 184.
Polarmeer, Der Golfstrom und der Weg in das —. H. Sieglerschmidt. **1878/79**, 133.
Ponape, Vortrag über die Ruinen von Nanmatal auf der Insel —. (Karolinen.) L. Friederichsen. **1874/75**, 83.
Precht, W.: Zur Orientierung über die Nullmeridianfrage. **1887/88**, 291.
— Regionalzeit und Weltzeit. **1889/90**, 1 und 116.
Puertorico's, Zur Kenntnis —. W. Sievers. **1891/92**, 217.

Q.

Quebracho-, Beiträge zur Kenntnis des —-Gebietes in Argentinien und Paraguay. R. Lütgens. XXV, 1.
Queensland, Unter den Austral-Negern am Herbert River in Nord-—. C. Lumholtz. **1887/88**, 284.
Quelle, Dr. O.: Anthropogeographische Studien aus Spanien. XXX, 69.

R.

Raunkiaer, Auf dem Kamelrücken durch das Land der Wahabiten. XXX, 187.
Regionalzeit, — und Weltzeit. W. Precht. **1889/90**, 1 und 116.
Reise, — nach der kleinen Oase in der Libyschen Wüste im Frühjahr 1876. P. Asherson. **1876/77**, 57.
— durch das Flußgebiet des Rio Ipane, mit einer Karte. L. Jerrmann. XV, 24.
— Eine — durch den Stillen Ozean. M. Buchner. **1876/77**, 95.
— Bericht über eine — durch Usegua und Unguu. F. Stuhlmann. **1887/88**, 143.
— Bericht über die im Auftrage der Geographischen Gesellschaft in Hamburg unternommene — in das Massai-Land. G. Fischer. **1882/83**, 36 und 189.
— Zweite — in Venezuela in den Jahren 1892/93. W. Sievers. XII.
Reisebilder, Deutsch Südwestafrika-— und Skizzen. G. Gürich. **1891/92**, 1.
Reisebericht, — aus Venezuela. I—VIII. W. Sievers. **1884**, 272, und **1885/86**, 1.
Reisebriefe, — aus Russisch Central-Asien M. Friederichsen. XVIII, 200.
— von der Armenischen Expedition. W. Belck und C. Lehmann. XV, 1 und 189, XVI, 16.
— aus Kordufan und Darfur. J. Pfund. **1876/77**, 121.
— aus dem Persischen Golf und Persien, mit 20 Tafeln. A. Stürken. XXII, 69.

Reisebriefen, Einige Bemerkungen zu Dr. Pfund's —. P. Asherson. **1878/79,** 124.
Reisen, Die — des „Jason" und der „Hertha" in das Antarktische Meer 1893/94. J. Petersen. **1891/92,** 245.
— Arthur Werthemann's — im Innern Perú's. C. Eggert. **1878/79,** 218.
— El Dorado. Aus der Geschichte der ersten Amerikanischen Entdeckungs-—. H. Schumacher. **1889/90,** 11.
Reitz, F. H.: Ein für das Königl. Preuß. geodätische Institut der europäischen Gradmessung ausgeführter Flutapparat. **1876/77,** 87.
Repsold, J. Georg: Die Mangues von Santos. **1876/77,** 29.
Rheinkarte, Caspar Vopell und seine — vom Jahre 1558. H. Michow. XIX, 217.
Rijckevorsel, Dr. von: Sumatra. **1887/88,** 24.
Rio de Janeiro, die tallosen Berge an der Bucht von —. B. Brandt. XXX, 1.
Robertson, W.: Eine Exkursion nach Island im Sommer 1879. **1878/79,** 157.
Röm, Die Nordseeinsel —. E. Moritz. XIX, 2.
Rohlfs, Dr. Gerhard: Zustände in Berberien. **1874/75,** 164.
Rückblick, — auf die Gründung und Entwicklung der Geographischen Gesellschaft in Hamburg während der ersten 25 Jahre ihres Bestehens. L. Friederichsen. XIV.
Ruinen, Vortrag über die — von Nanmatal auf der Insel Ponape. (Karolinen.) L. Friederichsen. **1874/75,** 83.
Ruk, Ein Beitrag zur Kenntnis der —-Inseln. J. Kubary und R. Krause. **1887/88,** 53.
Rumpfschollenland, Das abflußlose — im nordöstlichen Deutsch-Ostafrika. E. Obst. XXIX.
Russischer, Das erste Jahrhundert — Kartographie 1525—1631 und die Originalkarte des Anton Wied von 1542. H. Michow. XXI, 1.
Rußland, Die ältesten Karten von —, mit 3 Karten und einer Kartenskizze, nebst Beilage. H. Michow. **1882/83, 100.**
Rußlands, Weitere Beiträge zur älteren Kartographie —. Mit 5 Karten. H. Michow. XXII, 69.

S.

Salvador, Die Ergebnisse der Temperatur-Beobachtungen in — und Süd-Guatemala. E. Lottermann. XXIV, 31.
Samoaner, Über Sprache, Sitten und Gebräuche der —. E. Graeffe. **1887/88,** 64.
Santos, Die Mangues von —. G. Repsold. **1876/77,** 29.
Sapper, Dr. Karl: Die Alta Verapaz. (Guatemala.) XVII, 78.
Scenerien, Westafrikanische —. R. Flegel. **1880/81,** 392.
Schäfer, Dr. Ernst: Zur Erinnerung an Marco Polo. XV, 45.
Schlee, Prof. Dr. P.: Zur Morphologie des Berner Jura. XXVII, 77.
Schleswig-Holsteins, Die Endmoränen und das marine Diluvium —. C. Gottsche. XIII und XIV.
Schliemann's, Über — trojanische Ausgrabungen. H. Schrader. **1876/77.** 71.
Schmidt, Dr. W.: Übersetzung aus Raunkiaer, auf dem Kamelrücken durch das Land der Wahabiten. XXX, 187.
Schrader, Herm.: Über Schliemanns' trojanische Ausgrabungen. **1876/77,** 71.

Schück, A.: Vortrag über die Wege des Ozeans. **1874/75,** 110.
Schultess, Dr. K.: Die Nordküste des Golfs von Neapel im Altertum. **1885/86,** 173.
Schumacher, Dr. Herm. A.: El Dorado. Aus der Geschichte der ersten Amerikanischen Entdeckungsreisen. **1889/90,** 11.
Schutzgebietes, Beiträge zur Kenntnis des Deutschen — in der Südsee. R. Parkinson. **1887/88,** 201.
Seebücher, Über die niederdeutschen — des 15. und 16. Jahrhunderts. W. Behrmann. XXI, 63.
Seeverkehr, Der — der Chinesen im malayischen Archipel vor 1500. F. Müller-Beeck. **1882/83,** 26.
Seezeichen, —, Leuchtfeuer und Schallsignale des Atlantischen Ozeans in ihrem Zusammenhang und ihrer Bedeutung für Wirtschaft und Kultur. Mit einer Karte. A. Hiebel. XXIII, 1.
Sibiriens, Originalkarte — aus dem 17. Jahrhunderts. Ein Werk Ssemen Remesow's nach dem Russischen des Prof. A. Wassiljewitsch Grigoriev. H. Michow. XXIII, 289.
Sieglerschmidt, Dr. Herm.: Der Golfstrom und der Weg in das Polarmeer. **1878/79,** 133.
— Überblick über die Ergebnisse der Nordpol-Expeditionen unseres Jahrhunderts. **1880/81,** 140.
Sieveking, J. H.: Central-Asien und die Macht in Indien. **1885/86,** 149.
Sievers, Prof. Dr. W.: Bemerkungen zur Original-Routenkarte der Venezolanischen Cordilleren. **1885/86,** 309.
— Reisebericht aus Venezuela I—VIII. **1884,** 272, **1885/86,** 1.
— Census von Venezuela. **1885/86,** 316.
— Venezuela. **1885/86,** 134.
— Zweite Reise in Venezuela in den Jahren 1892/93. XII.
— Zur Kenntnis Puertorico's. **1891/92,** 217.
— Das Erdbeben in Venezuela am 28. April 1894. **1891/92,** 237.
— Das Erdbeben vom 26. März 1812 an der Nordküste Südamerikas. **1884.** 265.
— Die barometrischen Höhenmessungen des Herrn — in Colombia und Venezuela. **1885/86,** 236.
Skizzen, Deutsch-Südwest-Afrika. Reisebilder und —. G. Gürich. **1891/92,** 1.
South West Africa Co. Lim., Bemerkungen zur vorläufigen Karte des Konzessionsgebietes der —. Hartmann. XIII, 141.
Spanien, Anthropogeographische Studien aus —. O. Quelle. XXX. 69.
Sprache, Über die —, Sitten und Gebräuche der Samoaner. E. Graeffe. **1887/88,** 64.
Stadtremda, Morphologie des Meßtischblattes —. S. Passarge. XXVIII.
Städtebilder, — aus West-Afrika. R. Flegel. **1878/79,** 300.
Steilküsten, Die zerstörende Arbeit des Meeres an —. G. von Zahn. XXIV, 192.
Stiftung, Die Hamburgische Wissenschaftliche — und das Hamburgische Kolonialinstitut. XXIII, 309.
Störungszone, Der östliche Abschnitt der Großen Ostafrikanischen —. E. Obst. XXVII, 153.

Stromgebiet, Der Columbia und sein —. E. von Hesse-Wartegg. **1889/90**, 166.
Stromrichtung, Zur Frage der — des Inlandeises. J. Martin. XVII, 28.
Strümpell, K., Hauptmann: Die Geschichte Adamauas nach mündlichen Überlieferungen. XXVI, 46.
Stürken, Alfred: Reisebriefe aus dem Persischen Golf und Persien, mit 20 Tafeln. XXII, 69.
Stuhlmann, Dr. F.: Bericht über eine Reise durch Usegua und Unguu. **1887/88**, 143.
Stuhlmann's, Dr. F., Begleitworte zu der Karte „— Aufnahmen im Gebiet des Albert- und Albert-Edward-Sees“. XVII, 55.
Süd-Afrikas, Die Diamantfelder —. E. Lippert. **1876/77**, 327.
Südamerikas, Das Erdbeben vom 26. März 1812 an der Nordküste —. W. Sievers. **1884**, 265.
Südsee, Beiträge zur Kenntnis des Deutschen Schutzgebietes in der —. R. Parkinson. **1887/88**, 201.
Südwest-Afrika, Deutsch —. Reisebilder und Skizzen, G. Gürich. **1891/92**, 1.
— Wissenschaftliche Aufgaben in —. K. Dove. XIII, 58.
Sudan, Handel im —. G. Nachtigal. **1876/77**, 305.
Sumatra, —. von Rijckevorsel. **1887/88**, 24.

T.

Tauschhandel, Über — in Afrika. A. Woermann. **1880/81**. 29.
Temperatur, Die Ergebnisse der —-Beobachtungen in Salvador und Süd-Guatemala. E. Lottermann. XXIV, 31.
Tiën-schan, Forschungsreise in den Zentralen — und Dsungarischen Ala-tau im Sommer 1902 mit 52 Tafeln und 2 Karten, M. Friederichsen. XX.
Tierwelt, Lebensformen und Lebensweise der — im tropischen Afrika. L. Waibel. XXVII, 1.
— die — Südwest-Australiens und ihre geographischen Beziehungen. W. Michaelsen. XXII, 35.
Toeppen, Dr. H.: Corsica. **1882/83**, 1.
— Hundert Tage in Paraguay. **1884**, 1.
Toeppen, Kurt: Handel und Handelsverbindungen Ostafrikas. **1885/86**, 222.
Togo, Die Entwicklung des Exports in — und Kamerun. E. Kremer. XXV, 99.
Trojanische, Über Schliemann's — Ausgrabungen. H. Schrader. **1876/77**, 71.
Türkei, Eisenbahnen in der —. W. Heintze. XI, 41.
Typhus, Grundwasser und —. E. Brückner. **1887/88**, 176.

U.

Überblick, — über die Ergebnisse der Nordpol-Expeditionen unseres Jahrhunderts. H. Sieglerschmidt. **1880/81**, 140.
Überschwemmungen, Die — an der Unterelbe im Frühjahr 1888. von Binzer. **1887/88**, 85.
Überseeische, Unsere — Auswanderung und die Deutschen im Auslande. Bötzow. **1885/86**, 199.
Ural, Der südliche und mittlere —. M. Friederichsen. XIV.

Usegua, Bericht über eine Reise durch — und Unguu. F. Stuhlmann. **1887/88,** 143.

V.

Venezolanischen, Bemerkungen zur Original-Routenkarte der — Cordilleren. W. Sievers. **1885/86,** 309.
Venezuela, —. W. Sievers. **1885/86,** 134.
— Census von —. W. Sievers. **1885/86,** 316.
— Reisebericht aus —, I—VIII, W. Sievers. **1884,** 272, **1885/86,** 1.
— Zweite Reise in — in den Jahren 1892/93. W. Sievers. XII.
— Das Erdbeben in — am 28. April 1894. W. Sievers. **1891/92,** 237.
— Die barometrischen Höhenmessungen des Herrn Dr. Sievers in Colombia und —. M. Frohberg. **1885/86,** 236.
Verkehr, Die Flüsse Boliviens und deren Nutzbarkeit für den inneren —. H. von Holten. **1876/77,** 39.
Verkehrs, Die Anfänge des modernen — Hamburgs mit Vorderindien und Ostasien. E. Baasch. XIII, 92.
Verkehrsverhältnisse, Die — in Mesopotamien. B. Moritz. **1889/90,** 146.
Vopell, Caspar — und seine Rheinkarte vom Jahre 1558. H. Michow. XIX, 217.

W.

Wälder, Die — und Wüsten von Arizona. B. Fernow. XIV.
Wahabiten, Auf dem Kamelrücken durch das Land der —. B. Raunkiaer. XXX, 187.
Waibel, Leo: Lebensformen und Lebensweise der Tierwelt im tropischen Afrika. XXVII, 1.
Wapokomo, Das — und seine Bewohner. G. Fischer. **1878/79,** 1.
Warburg, Dr. O.: Die Liukiu-Inseln. **1889/90,** 121.
Wege, Vortrag über die — des Ozeans. A. Schück. **1874/75,** 110.
Weisser, J.: Der Bismarck-Archipel und das Kaiser-Wilhelmsland. **1885/86,** 269.
Weltzeit, Regionalzeit und —. Ein Vorschlag zu ihrer Vereinigung. W. Precht. **1889/90,** 1 und 116.
Wendt, Prof. Dr. G.: Auf den Normännischen Inseln. **1889/90,** 31.
Werthemann's, Arthur — Reisen im Innern Perús. C. Eggert. **1878/79,** 218.
West-Afrika, Städtebilder aus —. R. Flegel. **1878/79,** 300.
— Kultur-Bestrebungen in —. A. Woermann. **1878/79,** 58.
Westafrikanische, — Scenerien. R. Flegel. **1880/81,** 392.
Westendarp, W.: Das Gebiet der Elefanten und der Elefanten-Reichtum Indiens und Afrikas. **1878/79,** 201.
Wibel, Dr. F.: Die Meermühlen von Argostoli. (Insel Kephalonia.) **1873/74,** 42.
Wied, Das erste Jahrhundert russischer Kartographie 1525—1631 und die Originalkarte des Anton — von 1542. H. Michow. XXI, 1.
Wirren, Geschichte der neuesten — in Mittel-Amerika. H. Polakowsky. **1889/90,** 184.
Wissenschaftliche, — Aufgaben in Südwestafrika. K. Dove. XIII, 58.
— Die Hamburgische — Stiftung und das Hamburgische Kolonialinstitut. XXIII, 309.

Witu, Über die jetzigen Verhältnisse im südlichen Galla-Lande und in —. G. Fischer. **1876/77,** 347.
Woermann, A.: Kultur-Bestrebungen in West-Afrika. **1878/79,** 58.
— Über Tauschhandel in Afrika. **1880/81,** 29.
Wolter, C.: Korea einst und jetzt. XVII, 63.
Wüste, Reise nach der kleinen Oase in der Libyschen — im Frühjahr 1876. P. Asherson. **1876/77,** 57.
Wüsten, Die Wälder und — von Arizona. B. Fernow. XIV.

Z.

Zahn, Dr. G. von: Die zerstörende Arbeit des Meeres an Steilküsten. XXIV, 192.
Zintgraff, Dr. E.: Der untere Kongo von Banana bis Vivi und die Bedeutung des Kongo für die Erforschung der Hinterländer von Kamerun. **1885/86,** 258.
Zustände, — in Berberien. G. Rohlfs, **1874/75,** 164.

Abschnitt II.

Sach- und Namenverzeichnis, geographisch geordnet.

Europa.

Dr. E. Brückner: Die Eiszeit in den Alpen. **1887/88,** 10.
Dr. A. Hiebel: Seezeichen, Leuchtfeuer und Schallsignale des Atlantischen Ozeans in ihrem Zusammenhang und ihrer Bedeutung für Wirtschaft und Kultur, mit einer Karte. XXIII, 1.
Dr. W. Köppen: Die Zugstraßen der barometrischen Minima in Europa und auf dem nordatlantischen Ozean und ihr Einfluß auf Wind und Wetter bei uns. **1880/81,** 76.

1) Deutschland.

Dr. Bötzow: Unsere überseeische Auswanderung und die Deutschen im Auslande. **1885/86,** 199.
M. Buchheister, Wasserbaudirektor: Die Elbe und der Hafen von Hamburg, mit einem Plan. XV, 131.
von Binzer: Die Überschwemmungen an der Unterelbe im Frühjahr 1888. **1887/88,** 85.
Dr. C. Gottsche: Die tiefsten Glacialablagerungen der Gegend von Hamburg. XIII, 131.
Dr. E. Lindemann: Mitteilungen über Helgoland. **1887/88,** 76.
Dr. C. Gottsche: Die Endmoränen und das marine Diluvium Schleswig-Holsteins. XIII und XIV.
Dr. E. Moritz: Die Nordseeinsel Röm. XIX, 2.
— Das Seebad Lakolk und seine Dünen. XXIII, 353.
Dr. E. Obst: Die Oberflächengestaltung der schlesisch-böhmischen Kreide-Ablagerungen. XXIV, 85.
Dr. H. Michow: Caspar Vopell und seine Rheinkarte vom Jahre 1558. XIX, 217.

Prof. Dr. S. Passarge: Morphologie des Meßtischblattes Stadtremda, mit 19 Autotypien auf 14 Tafeln und 72 Textfiguren. XXVIII.

Dr. Walter Behrmann: Über die niederdeutschen Seebücher des 15. und 16. Jahrhunderts. XXI, 63.

2) Dänemark.

W. Robertson: Eine Exkursion nach Island im Sommer 1879, **1878/79,** 157.

3) Schweiz.

Prof. Dr. P. Schlee: Zur Morphologie des Berner Jura. XXVII, 77.

4) Frankreich.

Prof. Dr. G. Wendt: Auf den Normännischen Inseln. **1889/90,** 31.

5) Rußland.

Dr. H. Michow: Die ältesten Karten von Rußland, mit 3 Karten und Beilage. **1882/83,** 100.

— Das erste Jahrhundert russischer Kartographie 1525—1631 und die Originalkarte des Anton Wied von 1542. XXI, 1.

— Weitere Beiträge zur älteren Kartographie Rußlands. Mit 5 Karten. XXII, 69.

Max Friederichsen: Der südliche und mittlere Ural. XIV.

6) Mittelmeerländer.

Prof. Negri Christoforo: Die Italiener im Ausland. **1873/74,** 62.

Dr. K. Schultess: Die Nordküste des Golfs von Neapel im Altertum. **1885/86,** 173.

Dr. H. Toeppen: Corsica. **1882/83,** 1.

Dr. F. Wibel: Die Meermühlen von Argostoli. (Insel Kephalonia). **1873/74,** 42.

Dr. J. Classen: Mitteilungen von einem Besuch in Olympia. **1880/81,** 1.

Dr. F. W. Pauli: Die Insel Chios in geographischer, geologischer, etnologischer und kommerzieller Hinsicht. **1880/81,** 99.

W. Heintze: Eisenbahnen in der Türkei. XI, 41.

Asien.

1) Vorder-Asien.

W. Heintze: Eisenbahnen in der Türkei. XI, 41.

Dr. Max Friederichsen: Russisch Armenien und der Ararat. XVI, 1.

Dr. W. Belck und Dr. C. F. Lehmann: Reisebriefe von der Armenischen Expedition. XV, 1 und 189, XVI, 16.

Herm. Schrader: Über Schliemann's trojanische Ausgrabungen. **1876/77,** 71.

B. Raunkiaer: Auf dem Kamelrücken durch das Land der Wahabiten (Nordostarabien. Kuweit). XXX, 187.

Alfred Stürken: Reisebriefe aus dem Persischen Golf und Persien mit 20 Tafeln. XXII, 69.

Dr. B. Moritz: Die Verkehrsverhältnisse in Mesopotamien. **1889/90,** 146.

Dr. Max Albrecht: Durch den Daghestan auf der Awaro-Kachetinischen Straße im Mai-Juni 1904. XXI, 177.

2) Central-Asien.

J. H. Sieveking: Central-Asien und die Macht in Indien. **1885/86,** 149.

Dr. Max Friederichsen: Reisebriefe aus Russisch Central-Asien. XVIII, 200.

— Forschungsreise in den Zentralen Tiën-schan und Dsungarischen Ala-tau im Sommer 1902 mit 52 Tafeln und 2 Karten. XX.

3) Vorder- und Hinterindien.

Dr. Hübbe-Schleiden: Indien und die Indier. XIV, 1.

W. Westendarp: Das Gebiet der Elefanten und der Elefanten-Reichtum Indiens und Afrikas. **1878/79,** 201.

Prof. Dr. Alois Kraus: Reisebericht aus Vorder-Indien. XXIII, 347, XXIV, 1.

Dr. C. Crüger: Die Einführung der Chinakultur in Britisch-Indien und deren Ergebnisse. **1880/81,** 44.

Dr. E. Baasch: Die Anfänge des modernen Verkehrs Hamburgs mit Vorder-Indien und Ostasien. XIII, 92.

Prof. Dr. W. Geiger: Ceylon und seine Bewohner. XIII, 70.

Dr. von Rijckevorsel: Sumatra. **1887/88,** 24.

Dr. G. H. Haring: Vortrag über den Buddhismus. **1873/74,** 24.

4) Ostasien und Sibirien.

Dr. E. Baasch: Die Anfänge des modernen Verkehrs Hamburgs mit Vorder-Indien und Ostasien. XIII, 92.

F. G. Müller-Beeck: Der Seeverkehr der Chinesen im malayischen Archipel vor 1500. **1882/83,** 26.

Dr. A. Markow: Der zukünftige Handel Chinas. XI, 80.

Prof. Dr. C. Arendt: Peking und die westlichen Berge. **1889/90,** 57.

Dr. C. Gottsche: Die Japanischen Frauen. **1889/90,** 97.

W. Heine: Vortrag über Japan. **1873/74,** 50.

F. G. Müller-Beeck: Kiyoto. **1880/81,** 128.

C. Wolter: Korea einst und jetzt. XVII, 63.

Dr. O. Warburg: Die Liukiu-Inseln. **1889/90,** 121.

Dr. H. Michow: Originalkarte Sibiriens aus dem 17. Jahrhundert: Ein Werk Ssemen Remesow's nach dem Russischen des Prof. A. Wassiljewitsch Grigoriev. XXIII, 289.

Albert Cordes: Dscholtuga oder Neu-Californien. **1884,** 288.

Amerika.

Dr. Herm. Schumacher: El Dorado, Aus der Geschichte der ersten Amerikanischen Entdeckungs-Reisen. **1889/90,** 11.

1) Nordamerika.

B. E. Fernow: Die Wälder und Wüsten von Arizona. XIV.

Ernst von Hesse-Wartegg: Der Columbia und sein Stromgebiet. **1889/90,** 166.

2) Mittelamerika und die Antillen.

Dr. H. Polakowsky: Geschichte der neuesten Wirren in Mittel-Amerika. **1889/90,** 184.

E. Lottermann: Die Ergebnisse der Temperatur-Beobachtungen in Salvador und Süd-Guatemala. XXIV, 31.

Dr. Karl Sapper: Die Alta Verapaz. (Guatemala.) XVII, 78.

L. Friederichsen: Zur Kartographie der Republik Costa-Rica in Central-Amerika. **1876/77, 43.**

Prof. Dr. W. Sievers: Zur Kenntnis Puerto-Ricós. **1891/92,** 217.

3) Südamerika.

Prof. Dr. W. Sievers: Das Erdbeben in Venezuela am 28. April 1894. **1891/92,** 237.

— Das Erdbeben vom 26. März 1812 an der Nordküste Süd-Amerikas. **1884,** 265.

— Venezuela. **1885/86,** 134.

— Reisebericht aus Venezuela, I—VIII. **1884,** 272, und **1885/86,** 1.

— Census von Venezuela. **1885/86,** 316.

— Zweite Reise in Venezuela in den Jahren 1892/93. XII.

— Bemerkungen zur Original-Routenkarte der Venezolanischen Cordilleren. **1885/86,** 309.

M. Frohberg: Die barometrischen Höhenmessungen des Herrn Dr. W. Sievers in Columbia und Venezuela. **1885/86,** 236.

C. Eggert: Die Oroya-Eisenbahn in Perú. **1878/79,** 214.

— Arthur Werthemanns Reisen im Innern Perús. **1878/79,** 218.

Dr. C. Crüger: Die Cocakultur in Perú. **1880/81,** 72.

Herm. von Holten: Die Flüsse Boliviens und deren Nutzbarkeit für den inneren Verkehr. **1876/77,** 39.

Dr. B. Brandt: Die tallosen Berge von Rio de Janeiro. XXX. 1.

J. Georg Repsold: Die Mangues von Santos. **1876/77,** 29.

C. A. Holtermann: Die deutsche Kolonie Dona Francisca in Brasilien in historisch-statistischer Beziehung. **1876/77,** 1.

Capt. L. Jerrmann: Reise durch das Flußgebiet des Rio Ipané, mit einer Karte. XV, 24.

— Der Unterlauf des Igatimi und der Gran Salto Guayrá des Alto Paraná. XIV.

Dr. H. Toeppen: Hundert Tage in Paraguay. **1884,** 1.

Dr. R. Lütgens: Beiträge zur Kenntnis des Quebrachogebietes in Argentinien und Paraguay. XXV, 1.

Afrika.

John E. Hertz: Die Kolanuß. **1880/81,** 115.

John E. Hertz: Über Verwendung und Verbreitung der Kaurie-Muschel. **1880/81,** 14.

Dr. F. U. Hübbe-Schleiden: Kulturfähigkeit der Neger. **1878/79,** 72.

L. Friederichsen: Der geographische Standpunkt Afrikas Ende 1879. **1878/79,** 178.

A. Woermann: Über Tauschhandel in Afrika. **1880/81,** 29.

D. Kürchhoff: Die Geldverhältnisse im heutigen Afrika in ihrer Entwicklung. XXII, 1.

W. Westendarp: Das Gebiet der Elefanten und der Elefanten-Reichtum Indiens und Afrikas. **1878/79,** 201.

Leo Waibel: Lebensformen und Lebensweise der Tierwelt im tropischen Afrika. XXVII, 1.

1) Nordafrika.

G. Nachtigal: Handel im Sudan. **1876/77,** 305.

Dr. Gerhard Rohlfs: Zustände in Berberien. **1874/75,** 164.

J. Pfund: Reisebriefe aus Kordufan und Darfur, redigiert von L. Friederichsen. **1876/77,** 121.

Dr. P. Asherson: Einige Bemerkungen zu Dr. Pfund's Reisebriefen **1878/79,** 124.

— Reise nach der kleinen Oase in der Libyschen Wüste im Frühjahr 1876. **1876/77,** 57.

Prof. Dr. Th. Fischer: Meine dritte Forschungsreise im Atlas-Vorlande von Marokko im Jahre 1901. XVIII, 1.

2) Westafrika und Kongogebiet.

A. Woermann: Kultur-Bestrebungen in West-Afrika. **1878/79,** 58.

Robert E. Flegel: Westafrikanische Scenerien. **1880/81,** 392.

— Städtebilder aus West-Afrika. **1878/79,** 300.

Hauptmann Kurt Strümpell: Die Geschichte Adamauas nach mündlichen Überlieferungen. XXVI, 46.

Dr. E. Kremer: Die Entwicklung des Exports in Togo und Kamerun. XXV, 99.

Leo Frobenius: Kolonialwirtschaftliches aus dem Kongo-Kassai-Gebiet. XXII, 173.

Dr. E. Zintgraff: Der untere Kongo von Banana bis Vivi und die Bedeutung des Kongo für die Erforschung der Hinterländer von Kamerun. **1885/86,** 258.

3) Ostafrika.

Dr. E. Obst: Das abflußlose Rumpfschollenland im nordöstlichen Deutsch-Ostafrika. XXIX.

— Von Kilimatinde durch die Landschaft Turu nach Mkalama im Februar bis März 1911. XXV, 73.

— Von Mkalama ins Land der Wakindiga. XXVI, 1.

— Die Landschaften Issansu und Iramba. XXVI, 108.

— Der östliche Abschnitt der Großen Ostafrikanischen Störungszone. XXVII, 153.

Kurt Toeppen: Handel und Handelsverbindungen Ostafrikas. **1885/86,** 222.

Dr. F. Stuhlmann: Bericht über eine Reise durch Usegua und Ungúu. **1887/88,** 143.

Max Moisel: Begleitworte zu der Karte: „Dr. F. Stuhlmann's Aufnahmen im Gebiet des Albert- und Albert Edward-Sees". XVII, 55.

Dr. G. A. Fischer: Das Wapokomo-Land und seine Bewohner. **1878/79,** 1.

— Bericht über die im Aufrage der Geographischen Gesellschaft in Hamburg unternommene Reise in das Massai-Land. **1882/83,** 36 und 189.

— Über die jetzigen Verhältnisse im südlichen Galla-Lande und Witu. **1876/77,** 347.

4) Südwestafrika.

Dr. K. Dove:: Wissenschaftliche Aufgaben in Südwestafrika. XIII, 58.

Dr. G. Gürich: Deutsch-Südwestafrika. Reisebilder und Skizzen. **1891/92,** 1.

Dr. ph. Hartmann: Bemerkungen zur vorläufigen Karte des Konzessionsgebietes der South West Africa Co. Lim. XIII, 141.

5) Kapland.

E. Lippert: Die Diamantfelder Süd-Afrikas. **1876/77,** 327.

Dr. E. Cohen: Erläuternde Bemerkungen zu der Routenkarte einer Reise von Lydenburg nach den Goldfeldern und von Lydenburg nach der Delagoa-Bai im östlichen Süd-Afrika. **1874/75,** 173.

Australien und Antarktis.

Prof. Dr. W. Michaelsen: Die Tierwelt Südwest-Australiens und ihre geographischen Beziehungen. XXII, 35.

Carl Lumholtz: Unter den Austral-Negern am Herbert River in Nord-Queensland. **1887/88,** 284.

Dr. J. Petersen: Die Reisen des „Jason" und der „Hertha" in das Antarktische Meer 1893/94 und die wissenschaftlichen Ergebnisse dieser Reisen. **1891/92,** 245. Im Jahre 1895 erschienen.

— Die Erforschung des Dirk-Gherritz-Archipels. XI, 62.

L. Friederichsen: Begleitworte zur Karte des Dirk-Gherritz-Archipels. **1891/92,** 299.

Gebiet des Stillen Ozeans.

Max Buchner: Eine Reise durch den Stillen Ozean. **1876/77,** 95,

R. Parkinson: Beiträge zur Kenntnis des Deutschen Schutzgebietes in der Südsee. **1887/88,** 201.

Dr. E. Graeffe: Über die Sprache, Sitten und Gebräuche der Samoaner. **1887/88,** 64.

J. Weisser: Der Bismarck-Archipel und das Kaiser-Wilhelmsland. **1885/86,** 269.

F. Hernsheim: Die Marshall-Inseln. **1885/86,** 297.

— Nauru, eine gehobene Koralleninsel der Marshall-Gruppe. XIX, 211.

L. Friederichsen: Bemerkungen zu der Karte der Duke-of-York Inselgruppe auf Tafel 6. **1876/77,** 340.

J. Kubary: Beitrag zur Kenntnis der Nukuoro- oder Monteverde-Inseln. (Karolinen.) XVI, 71.

— Die Bewohner der Mortlock-Inseln. (Karolinen.) **1878/79,** 224.

— und R. Krause: Ein Beitrag zur Kenntnis der Ruk-Inseln. (Karolinen.) **1887/88,** 53.

Dr. Max Friederichsen: Die Karolinen. XVII, 1.

L. Friederichsen: Vortrag über die Ruinen von Nanmatal auf der Insel Ponape. (Karolinen.) **1874/75,** 83.

Veröffentlichungen allgemeinen Inhalts.

Rektor R. Barmm: Krieg und Erdkunde. XXX, 245.

Dr. E. Brückner: Grundwasser und Typhus. **1887/88,** 176.

Die Hamburgische Wissenschaftliche Stiftung und das Hamburgische Kolonialinstitut. XXIII, 309.

L. Friederichsen: Rückblick auf die Gründung und Entwicklung der Geographischen Gesellschaft in Hamburg während der ersten 25 Jahre ihres Bestehens. XIV.

— Empfang der österreichisch-ungarischen Nordpol-Expedition in Hamburg, am 22. September 1874. **1874/75,** 53.

L. Friederichsen: Über die Fortschritte der geographischen Forschung während der Jahre 1883—88. **1887/88,** 41.
Dr. J. Martin: Zur Frage der Stromrichtung des Inlandeises. XVII, 28.
Dr. H. Michow: Die Geographische Ausstellung auf dem Internationalen Geographen-Kongreß in London 1895. XI, 29.
Prof. Dr. S. Passarge: Physiogeographie und Vergleichende Landschaftsgeographie. XXVII, 119.
— Physiologische Morphologie. XXVI, 133.
Dr. Johannes Petersen: Beiträge zur Kenntnis der Bewegungsrichtungen des diluvialen Inlandeises. XV, 67, und XVI, 139.
W. Precht: Zur Orientierung über die Nullmeridianfrage. **1887/88,** 291.
— Regionalzeit und Weltzeit. Ein Vorschlag zu ihrer Vereinigung. **1889/90,** 1 und 116.
F. H. Reitz: Ein für das Kgl. Preußische geodätische Institut der europäischen Gradmessung ausgeführter Flutapparat. **1876/77,** 87.
Dr. Ernst Schäfer: Zur Erinnerung an Marco Polo. XV, 45.
A. Schück: Vortrag über die Wege des Ozeans. **1874/75,** 110.
Dr. Herm. Sieglerschmidt: Überblick über die Ergebnisse der Nordpol-Expeditionen unseres Jahrhunderts. **1880/81,** 140.
— Der Golfstrom und der Weg in das Polarmeer. **1878/79,** 133.
Dr. G. von Zahn: Die zerstörende Arbeit des Meeres an Steilküsten. XXIV, 192.

Abschnitt III.

Verzeichnis der Abbildungen, Karten, Hafen- und Stadtpläne, Skizzen und Holzschnitte im Text und auf den Tafeln.

1) Landschaftsbilder, ethnographische Bilder und ähnliches.

Band 1874/75. Die Ruinen von Nanmatal auf Ponape. Holzschnitte, Seite 86, 87, 90, 91, 93, 94.
Band 1876/77. Tafel 2. Reitz's Flutapparat.
Band 1878/79. Muster der Tattuierung der Mortlock-Insulaner. Holzschnitte, Seite 237—239.
Band 1878/79. Ansicht der beiden auf den Mortlock-Inseln üblichen Häuserarten. Holzschnitte, Seite 240.
Band 1878/79. Tafel 3. J. Kubary und die 3 Häuptlinge der Insel Tä.
Band 1878/79. Tafel 4. Portrait der Tochter des Oberhäuptlings der Insel Tä.
Band 1878/79. Tafel 5. Haartrachten aus Kororofa. Von Ed. Robert Flegel.
Band 1878/79. Tafel 6—8. Ethnographische Gegenstände der Djukus. Von Ed. Robert Flegel.
Band 1880/81. Tafel 4—11. Ethnographische Gegenstände vom Niger-Benuë-Gebiet. Von Ed. Robert Flegel.
Band 1882/83. Tafel 4—6. Ethnographische Gegenstände aus dem Massai-Lande.
Band 1891/92. Flußbett am Rande der Steinwüste (Namib) bei Klein-Tinkas. Seite 32.
Band 1891/92. Felsen mit Flugsand in der Namib. Seite 40.
Band 1891/92. Randwald im Schwachaub bei Ussab. Seite 72.

Band 1891/92. Schwachaub-Bett bei Ussab. Seite 80.
Band XII. Ansichten des Cerro de Santa Ana auf der Halbinsel Paraguana. Seite 45.
Band XII. Profil bei El Encanto nahe Cabrera. Seite 149.
Band XII. Gebirgsfaltung. Seite 174, 176, 177.
Band XII. Ansichten der Morros de San Juan. Seite 511.
Band XII. Profil und Ansicht des Morro de Macaire. Seite 212.
Band XII. Profil im Llano von San Carlos. Seite 283.
Band XIII. Tafel 1. Blockbestreuung. Gehege Buchholz bei Schönwalde.
Band XIII. Tafel 2. Blockbestreuung. N. von Stolkerfeld.
Band XIII. Tafel 3. Steingewinnung aus Blockpackung, Stenten, W. des Waldes.
Band XIII. Tafel 4. Blockpackung. Steinberg bei Schönwalde.
Band XIII. Tafel 5. Blockpackung. No. des Idstädter Holzkrugs.
Band XIII. Tafel 6. Blockpackung. Havetoft, O. der Meierei.
Band XIII. Tafel 7. Blockpackung über Korallensand. Hornholz bei Flensburg.
Band XIV. Tafel 1—14. Bilder aus dem südl. und mittleren Ural. Von Dr. Max Friederichsen.
Band XVI. Tafel 1. Der Große und der Kleine Ararat. Von Dr. Max Friederichsen.
Band XVIII. Text-Abbildungen. 17 Autotypien betr. Marokkanische Orte und Landschaften.
Band XX. Tafel 1—52. Abbildungen aus: Forschungsreise in den Zentralen Tiën-schan und Dsungarischen Ala-tau im Sommer 1902. Von Dr. M. Friederichsen.
Band XXI. Abbildungen 6—20. Dr. M. Albrecht: Durch den Daghestan auf der Awaro-Kachetinischen Straße im Mai-Juni 1904.
Band XXII. Tafel 1—20. Abbildungen: „Reisebriefe aus dem Persischen Golf und Persien.“ Von Alfred Stürken.
Band XXIV. Tafel 1—11. Abbildungen zu „Obst“: Die Oberflächengestaltung der schlesisch-böhmischen Kreide-Ablagerungen.
Band XXIV. Tafel 12—27. Abbildungen zu „von Zahn“: „Die zerstörende Arbeit des Meeres an Steilküsten.“
Band XXV. Tafel 1—10. Abbildungen zu „Lütgens“: Beiträge zur Kenntnis des Quebrachogebietes in Argentinien und Paraguay.
Band XXVI. Tafel 1—6. Abbildungen zu „Obst“: Von Mkalama ins Land der Wakindiga.
Band XXVI. Tafel 7—16. Abbildungen zu „Strümpell“: Die Geschichte Adamauas
Band XXVI. Tafel 17—20. Abbildungen zu „Obst“: Die Landschaften Issansu und Iramba.
Band XXVI. Figuren 36—52. Abbildungen zu „Passarge“: Physiologische Morphologie.
Band XXVII. Tafel 2—19. Landschaften aus dem Berner Jura nach photographischen Aufnahmen. Von Prof. Dr. P. Schlee.
Band XXVII. Tafel 22—30. Landschaftsbilder aus der Großen Ostafrikanischen Störungszone von Dr. E. Obst.

Band XXIX. Tafel 1—27. 47 Abbildungen zu „Obst“: Das abflußlose Rumpfschollenland im nordöstlichen Deutsch-Ostafrika.

Band XXX. Textfiguren und Taf. 1—3: Abbildungen zu „Brandt“; die tallosen Berge von Rio de Janeiro.

Band XXX. Textfiguren zu „Raunkiaer“, Auf dem Kamelrücken durch das Land der Wahabiten (Nordostarabien).

2) Geographische, geologische und sonstige Karten und Skizzen; graphische Darstellungen, Kurventafeln und dergleichen.

Band 1874/75. Geologische Skizzen. Holzschnitte, Seite 180, 189, 193, 269, 283, 284.

Band 1880/81. Tafel 3. Karte zur Veranschaulichung der Häufigkeit und der mittleren Zugstraßen der barometrischen Minima in Europa und auf dem nordatlantischen Ozean.

Band 1887/88. Tafel 3. Graphische Veranschaulichung des Alters der Bewohner von Helgoland in den Jahren 1763—1787 und 1863 bis 1887 und der monatlichen Temperaturmittel von Luft und Wasser.

Band 1887/88. Tafel 5. Karte der Deichbrüche und Strömungen im Überschwemmungsgebiet der Elbe im Frühjahr 1888. 1: 100 000.

Band 1887/88. Kurventafel für Typhus und Grundwasser. Seite 185.
Kurventafel für Grundwasserstände und Flußwasserstände. Seite 189.
Kurventafel für Typhus und Grundwasserstand sowie Elbwasserstand in Hamburg. Seite 194.

Band 1891/92. Tafel 1. Winddiagramme der Verbreitung und Häufigkeit der Winde an den Stationen Deutsch-Südwest-Afrikas.

Band XII. Kartenskizze der heißen Quellen „Las Minas“. Seite 274.

Band XII. Kartenskizze des Tales der Guacharo-Höhle. Seite 278.

Band XII. Kartenskizze der Saltos del Caroni. Seite 310.

Band XIII. Karte 1. Karte der Endmoränen Schleswig-Holsteins. Von C. Gottsche. 1: 750 000.

Band XV. Karte 2. Die Verbreitung der Schonenschen Basalte im norddeutschen Diluvium. 1: 4 000 000. Von Dr. J. Petersen.

Band XVI. Tafel 2. Die Verbreitung der Geschiebe aus dem Kristianiagebiet im norddeutschen Diluvium. 1: 4 000 000. Von Dr. J. Petersen.

Band XVI. Tafel 3. Die Verbreitung der krystallinen Geschiebe im norddeutschen Diluvium. 1: 12 000 000. Von Dr. J. Petersen.

Band XVII. Karte 2. Karte der Alta Verapaz zur Veranschaulichung der Besitzverteilung. 1: 200 000. Von Dr. K. Sapper.

Band XVII. Karte 3. Höhenschichtkarte der Alta Verapaz. 1: 200.000. Von Dr. K. Sapper.

Band XVII. Karte 4. Geologische Karte der Alta Verapaz. 1: 200 000. Von Dr. K. Sapper.

Band XVII. Karte 5. Die Verbreitung der Vegetationsformen in der Alta Verapaz. 1: 460 300. Von Dr. K. Sapper.

Band XVII. Karte 6. Die Verbreitung der Sprache und Volksstämme in der Alta Verapaz. 1:460300. Von Dr. K. Sapper.

Band XXII. Verbreitung der hauptsächlichsten Oligochaeten-Gattungen in Südwest-Australien. Seite 55.

Band XXII. Verbreitung der Riffkorallen an den Küsten und Inseln West-Australiens. Seite 64.

Band XXIV. Tektonische Karte der schlesisch-böhmischen Kreide-Ablagerungen. 1:400000.

Band XXV. Karte des Gebietes des Gerb-Quebracho in Argentinien und Paraguay. Von Dr. R. Lütgens.

Band XXVI. Physiologisch-morphologische Karten der Umgebung von Thälendorf (Thüringen). 1:50000. Von Prof. Dr. S. Passarge.

Band XXVII 2 Textfiguren zu „Schlee“: „Zur Morphologie des Berner Jura.

Band XXVII 11 Textfiguren zu „Passarge“: Physiogeographie und Vergleichende Landschaftsgeographie.

Band XXVII. Tafel 1. Verbreitung und Verteilung der Lebensformen der Tierwelt in Deutsch-Ostafrika. 1:6000000. Von Dr. Leo Waibel.

Band XXVII. Tafel 20. Geologische Karte des Berner Jura (nach Rollier). 1:100000.

Band XXVII. Tafel 21. Orographische Karte eines Teiles des Berner Jura 1:100000. nebst Skizze des Flußgebietes der oberen Birs im Berner Jura usw.

Band XXVII. Tafel 31. Skizze zur Morphologie der Großen Ostafrikanischen Störungszone. 1:680000. Von Dr. E. Obst.

Band XXVIII. Zu Morphologie des Meßtischblattes Stadtremda. Von Prof. Dr. S. Passarge.
72 Textfiguren.
19 Autotypien auf 14 Tafeln, ferner
Tafel 1. Topographische Karte und Vegetationsschutz. 1:50000.
Tafel 2. Böschungsstufen. 1:50000.
Tafel 3. Talformen. 1:50000.
Tafel 4. Geologische Karte. 1:50000.
Tafel 5. Physikalische Widerstandsfähigkeit. 1:50000.
Tafel 6. Chemische Widerstandskraft der Gesteine. 1:50000
Tafel 7. Bodenkarte 1:50000.
Tafel 8. Hypothetische Karte der Ausgestaltung der Oberfläche. 1:50000.

Band XXX. Tafel 5. Dr. O. Quelle, Volksdichte der Provinz Murcia 1:800000.
Tafel 6. „ „ „ Toledo 1:800000.
Tafel 7. „ „ von West-Guadalajara 1:150000

3) Reisewege, Land- und Seekarten, Hafen- und Stadtpläne.

Band 1873/75. Karte von Kephalonia (Griechenland). 1:156000.

Band 1873/75. Tafel 1. Die Wege des Ozeans für Segelschiffe. 1:74200000. Von A. Schück.

Band 1873/75. Tafel 2. Plan der Ruinen von Nanmatal auf der Insel Ponape. Von J. Kubary.

Band 1873/75. Tafel 3. Karte von Lydenburg nach den Goldfeldern und von Lydenburg nach der Delagoa-Bai, aufgenommen und entworfen von Dr. E. Cohen, gezeichnet von L. Friederichsen. 1: 300 000.

Band 1873/75. Tafel 4. Plan des Hafens von Marca (Ostküste Afrikas). Nach einer Aufnahme von Capt. F. Flöh.

Band 1876/77. Tafel 1. Karte der Kolonie Dona Francisca. 1: 90 000.

Band 1876/77. Tafel 3 und 4. Plan der Kimberley Mine in Süd-Afrika.

Band 1876/77. Tafel 5. Ansicht der Stadt Kimberly 1877.

Band 1876/77. Tafel 6. Karte der Duke-of-York Inselgruppe.

Band 1878/79. Tafel 1. Karte zur Veranschaulichung der Oroya-Eisenbahn in Perú und der Flüsse Perené und Tambo. 1: 1 200 000.

Band 1878/79. Tafel 2. Karte der Mortlock-Inseln (Karolinen). 1: 200 000.

Band 1878/79. Holzschnitt. Ungefährer Plan von Wukari nach Ed. Robert Flegel. Seite 311.

Band 1880/81. Tafel 1. Plan der Ausgrabungen von Olympia.

Band 1880/81. Tafel 2. Karte des Niger-Gebietes, in welchem Kaurie-Muscheln als Zahlmittel gebraucht werden. 1: 12 500 000.

Band 1882/83. Tafel 1. Moscovia aus Seb. Münster's Cosmographie. 1544.

Band 1882/83. Tafel 2. Moscovia des Anton Wied 1555.

Band 1882/83. Tafel 3. Moscovia des Battista Agnese 1525, nach der Photographie gezeichnet von Dr. H. Michow.

Band 1882/83. Tafel 7. Routenkarte durch das Massai-Land von Dr. G. A. Fischer. 1: 1 500 000.

Band 1882/83. Zu Dr. G. A. Fischer: 8 Autotypien nach Original-Photographien.

Band 1884. Kartenskizze von Paraguay. 1: 1 200 000. Von Dr. H. Toeppen.

Band 1884. Karte des westlichen Teils der Südsee. 1: 3 000 000. Von L. Friederichsen.

Band 1885/86. Tafel 2. Dr. W. Sievers' Original-Routenkarte der Venezolanischen Cordilleren. 1: 1 000 000.

Band 1887/88. Tafel 1. Karte des Ruk-Atolls. 1: 350 000.

Band 1887/88. Tafel 2. Kartenskizze von Helgoland im Jahre 1845 und im Jahre 1887.

Band 1887/88. Tafel 4. Plan des Hafens von Parapat. (Ostküste von Afrika.)

Band 1887/88. Tafel 6. Dr. F. Stuhlmann's Original-Routenkarte durch Usegua und Unguu. 1: 500 000

Band 1889/90. Tafel 1. Plan von Peking. Von C. Arendt.

Band 1889/90. Tafel 2. Karte zur Veranschaulichung der Verkehrsverhältnisse in Mesopotamien von Dr. B. Moritz. 1: 3 000 000.

Band 1891/92. Tafel 2 und 3. Karte der in den Jahren 1888/89 unternommenen Reise in SW.-Afrika. 1: 500 000. Von Dr. G. Gürich.

Band 1891/92. Tafel 4. Karte der Reiseroute des Dr. W. Sievers quer durch Puerto Rico. 1: 150 000.

Band 1891/92. Tafel 5. Karte zur Veranschaulichung des Erdbebens vom 28. April 1894 in Venezuela und Columbien, gezeichnet von L. Friederichsen. 1: 2 700 000.

Band 1891/92. Tafel 6. Dr. W. Sievers' Originalkarte der südlichen Hälfte der Venezolanischen Cordilleren zur Veranschaulichung des Schauplatzes des Erdbebens vom 28. April 1894, gezeichnet von L. Friederichsen. 1:4000000.

Band 1891/92. Tafel 7. Karte des Dirck-Gherritz-Archipels von L. Friederichsen. 1:7500000.

Band XII. Dr. Sievers' Original-Routenkarte seiner zweiten Reise in Venezuela in den Jahren 1892/93. 1:1000000.

Band XIII. Karte 2. Vorläufige Karte des Konzessions-Gebietes der South West Africa Co. Lim. 1:500000. Von Dr. ph. Hartmann.

Band XIV. Karte 1. Skizze des unteren Laufes des Rio Igatimi. 1:376000. Von Capt. L. Jerrmann.

Band XIV. Karte 2. Skizze des Gran Salto Guayra. Von Capt. L. Jerrmann.

Band XV. Karte 1. Skizze des Flußgebietes des Rio Ipané. 1:572000. Von Capt. L. Jerrmann.

Band XV. Karte 3. Plan des Hamburger Freihafengebietes 1899. 1:10000.

Band XVII. Karte 1. M. Moisel: Dr. F. Stuhlmann's Aufnahmen im Gebiet des Albert- und Albert-Edward-Sees. 1:300000.

Band XVIII. Karte 1. Reisewege im Atlas-Vorlande von Marokko. 1:100000. Von Prof. Dr. Th. Fischer.

Band XIX. Karte 1. Westlicher Teil von J. Meyer's Karte: Westerteil des Amptes Hadersleben usw. 1649.

Band XIX. Karte 2. Übersichtskarte über das Nordschleswigsche Wattenmeer und die Bodenverhältnisse des Landgebietes. 1:300000. Von E. Moritz.

Band XIX. Karte 3. Die Insel Röm. 1:50000. Von E. Moritz.

Band XIX. Karte 4. Vopell'sche Rheinkarte von 1558.

Band XX. Karte 1 und 2. Originalkarte zur Veranschaulichung der Reiseroute der im Sommer 1902 ausgeführten Expedition in den Zentralen Tiën-schan und Dsungarischen Ala-tau. 1:300000. Von Dr. M. Friederichsen.

Band XXI. Karte 1—4. Ältere russische Karten.

Band XXI. Die Legende der Wied'schen Karte von Rußland (1542) in altrussischer Sprache. Seite 53.

Band XXI. Küstenansicht aus „Garcie": Le grand routtier. Seite 135 und 136.

Band XXI. Küstenansicht aus „Willemsen: Die Caerte Vade Oost ende West Zee 1588." Seite 137.

Band XXI. Karte der Orkney-Inseln aus „Waghenaer: den groten dobbelden nieuwen Spiegel der Zeevaert 160." Seite 140.

Band XXI. Karte 5. Karte der Eider-, Elb- und Weser-Mündung aus „Willemsen: die Caerte Vade Oost ende West Zee 1588." Von W. Behrmann.

Band XXI. Karte 6. Karte der Nordküste Spaniens aus „Waghenaer: Spieghel der Zeevaert 1584." Von W. Behrmann.

Band XXI. Karte 7. Karte der Küste Spaniens nach „Waghenaer: Spieghel der Zeevaert 1584." 1:3700000. Von W. Behrmann.

Band XXI. Karte 8. Generalkarte von West-Europa aus „Waghenaer: Spieghel der Zeevaert (Leyden 1584)." Von W. Behrmann.

Band XXII. Karte 1. Darinel's Moscovia von 1555.

Band XXII. Karte 2. Aus dem Itinerarium von 1579/80.

Band XXII. Karte 3. Raphael Barberini's Reisekarte von 1564.

Band XXII. Karte 4. Aus Caspar Vopell's Europa von 1566.

Band XXII. Karte 5. Aus Gerhard Mercator's Europa von 1578.

Band XXIII. Karte 1. Karte zur Veranschaulichung der Leuchtfeuer im Atlantischen Ozean nach dem Stande im Jahre 1904. 1:50000.000. Von Dr. A. Hiebel.

Band XXIII. Karte 2 Remesow's Karte von Sibirien 1697.

Band XXIX. Eine zweiblättrige topographische Karte zu Dr. Obst: Das abflußlose Rumpfschollenland im nordöstlichen Deutsch-Ostafrika. 1:300000.

Band XXX. Tafel 4. Dr. B. Brandt, die tallosen Berge an der Bucht von Rio de Janeiro. 1:30000.

FSC
www.fsc.org
MIX
Papier | Fördert
gute Waldnutzung
FSC® C083411

Kolibri 360 GmbH
Ferdinand-Jühlke-Straße 7
99095 Erfurt, Deutschland
produktsicherheit@kolibri360.de